世界文化遗产丽江古城保护管理局

昆明本土建筑设计研究所

丽江
古城密码

—

The Interpretation of
Lijiang Ancient Town

朱良文　王　颖　程海帆 | 编著

和丽军 | 主审

中国建筑工业出版社

图书在版编目（CIP）数据

丽江古城密码／朱良文，王颖，程海帆编著. —北
京：中国建筑工业出版社，2020.5
ISBN 978-7-112-24914-5

Ⅰ. ① 丽… Ⅱ. ① 朱… ② 王… ③ 程… Ⅲ. ① 古
城－保护－丽江 Ⅳ. ① TU984.274.3

中国版本图书馆CIP数据核字（2020）第036481号

本书以探索为出发点，从丽江古城历史演变，古城营建内涵发掘（选址、规划、空间建构、水系营造等），丽江民居智慧解析，丽江人文精神探析和古城的保护、传承与发展几个方面进行探索，以期能够对丽江古城的保护与传承，以及对丽江古城的研究者提供更多的资料。本书适用于建筑学、规划学、社会学、人类学、遗产学等专业从业者和在校师生，以及大众读者阅读使用。

文字编辑：李东禧
责任编辑：唐 旭 张 华
书籍设计：锋尚设计
责任校对：王 烨

丽江古城密码
世界文化遗产丽江古城保护管理局
昆明本土建筑设计研究所
朱良文 王颖 程海帆 编著
和丽军 主审
＊
中国建筑工业出版社出版、发行（北京海淀三里河路9号）
各地新华书店、建筑书店经销
北京锋尚制版有限公司制版
天津图文方嘉印刷有限公司印刷
＊
开本：787×1092毫米 1/12 印张：10⅓ 字数：139千字
2020年8月第一版 2020年8月第一次印刷
定价：**98.00**元
ISBN 978-7-112-24914-5
（35650）

《丽江古城密码》编委会

主　　任：崔茂虎　郑　艺

副 主 任：何玉兰　木崇根　肖忠万

编撰成员：苏　武　朱学斌　和丽军
　　　　　朱良文　关建平　刘仕成
　　　　　王　颖　程海帆

参与工作：何飞平　黄　颖　马　娜
　　　　　赵云娇　牛　航　曹伟强

编　　著：朱良文　王　颖　程海帆

主　　审：和丽军

序 — PREFACE

我与丽江的不解之缘

2018年10月，世界文化遗产丽江古城保护管理局的领导交给我一个任务，要我为《丽江古城密码》VR科教片提供一个脚本，VR片的撰制由另外的专业团队完成。该科教片是市领导提出的要求，目的在于在丽江旅游升级的当下让人们进一步认识丽江、体会丽江，也是更全面、深入地宣传世界文化遗产——丽江古城，并且要通俗地表达出来；至于如何认识、如何体会，要我们发掘与解析。我想，这是一个既要"深入"，又要"浅出"的研究与写作任务。

看来我此生真的与丽江结下了不解之缘。我是一个建筑教育工作者，1981年11月带着一批学生第一次到丽江进行传统民居的调查与测绘，当时发现丽江还有这么一座完整的古城保存至今，真是大为惊喜！要知道，我国大量的古城从北京起就未能如梁思成先生之愿完整地保留下来，人们一直为此而深感痛心；想不到在我国西南一隅的丽江却如此幸运，实属罕见！为此，我想必须大力宣传它、保护它。我的学术生涯中，第一篇正式发表的学术论文即"丽江古城与纳西族民居"（发表于中国建筑工业出版社的全国性建筑学术刊物《建筑师》1983年17期）；其后，为它拍摄了资料性的录像带（并用它与国外进行过学术交流），并写过书；1986年因见四方街即将由于交通建设而被损毁之事给和志强省长写过一封《紧急呼吁》的信（非常幸运，此信得到和省长的及时批示，因而制止了对古城核心区的破坏）；再后来，编写过有关丽江民居与古城环境的技术性保护手册，参与过丽江的一些规划、设计、咨询、顾问等。想不到正当我跨入耄耋之年的时候又接到了丽江古城保护管理局下达的任务，岂非"命中注定"的不解之缘？根据我的工作记录，到这个月最近一次抵丽江已是110次了。

丽江古城的密码何在？如何解密？虽然我们过去在建筑领域对丽江有所研究，但面对此命题还不得不带领团队再行调查研究。经过半年多的努力，调查、讨论、分析、研究、编写、汇报、审查、修改，多次反复，终于确定将"丽江古城密码"通过古城营建内涵、传统民居智慧、丽江人文精神三个部分来解析；而为了更全面地阐述，有必要在其前面简要地增加古城历史演变的篇幅。VR科教片的脚本早已提供给摄制方，然而鉴于其有限的时间及可视性要求，双方发觉一个片子根本容不下这么多内容，只能大大压缩，取其部分要点。为此，世界文化遗产丽江古城保护管理局的领导决定在制作VR科教片的同时再出版此书。

"丽江古城密码"中的古城营建内涵与传统民居智慧两个部分是在我们过去研究成果的基础上深化、充实后再通俗化地"浅出"；而丽江人文精神部分系此次研究心得的提纲性归纳。

值得一提的是，我虽是个建筑学者，但偏重设计领域，对建筑史学涉足不多，这次为了一个简要的"丽江古城历史演变"，不得不翻阅了一些相关资料，认真地进行了一次学习。这又使我回想起了一件往事。记得在1981年11月第一次到丽江调研测绘半个月回昆明后，经我岳父杨克成先生（曾任云南大学教授）介绍，12月23日晚上我怀着崇敬与求教之心去云南大学拜访了方国瑜先生。我说明来意后，方先生首先问我的一句话是"你看过《南诏图传》没有？"我一脸茫然，老实承认说："没有。"他随后与我简单交谈了研究丽江建筑要与历史联系的问题，受益匪浅！回来后，我赶快找了本《云南简史》学习，后来始终记得方先生的教诲：研究地方建筑要了解当地的历史。然而，我毕竟不是建筑史学研究者，对丽江古城的历史一直只知其皮毛，想不到在三十多年后的今天有机会做了一次补课。查阅资料时，发现要想研究清楚丽江古城的城建历史还真不是一件简单的事。一是资料不充分；二是不同的资料不乏矛盾之处；三是有些资料对历史重主观分析、缺乏可靠的文献引注与佐证；四是少量对历史的阐述隐约受某种狭隘思想的影响。因此，对丽江城建的历史至今还有一些问题缺乏共识或空白，例如：丽江建城究竟始于宋末元初还是隋唐或明代？（这里涉及何谓"城"的定义。）玉河的中河、西河、东河三股支流皆为原始的自然河道，还是后来人工"元辟西河"、"清凿东河"？大研古城是从罗波城（今石鼓）还是白沙镇"迁都"而来？新中国成立后，丽江"保留古城，另建新城"的决定是何时、何人、怎样决定的？……对这些问题，因不是本书的主要命题，也无时间深入考证，本书只能根据相关资料作出自己的理解与阐述，希望日后有人、特别是当地的学者能做深入的研究。

本书既要让人们较全面、深入地认识与体会丽江，其内容必然由相关的学术研究为支撑，而非简单介绍了之；本书面向的是广泛的非专业受众，又要求通俗化而不能"学术味"太浓，故决定采取图文并茂、字少图多的办法。力求"深入"与"浅出"的统一，让其通俗可读又深化对丽江的认识，是为本书的追求。

从1981年至今已38年，丽江已成为我学术生涯持久的工作基地之一。今借本书的出版发表一点感想，代为其序。

朱良文

丽江市荣誉市民，昆明理工大学建筑与城市规划学院教授，昆明本土建筑设计研究所所长

2020年1月15日

目录 —CONTENTS

为何探索古城密码

1. 为何古今中外那么多名人关注丽江

"居庐骈集，萦坡带谷"。"民房群落，瓦屋栉比"。"宫室之丽，拟于王者"。

——（明）徐霞客《徐霞客游记》（1642年）

"砖木结构的瓦房在丽江城镇和坝区农村普遍流行起来，且与昆明、大理等地建筑相比较，它们更多地保留着唐宋时期的古朴之风而详部手法又富于变化，从而塑造了自身独特的风貌特征。"

——刘敦桢《西南古建筑调查概况》（1941年）

"无数玩具似的土墙木屋集中在山谷的腹地，潺潺流水穿过面石铺成的街道；虽然群山环抱但并不闷热，原因是背面那座雪山总是银光闪闪地俯视着这座有些奇怪的乡村城市。"

——（美）洛克《中国西南古纳西王国》（1947年）

"丽江城布满了水渠网。家家房背后都有淙淙溪流淌过，加上座座石桥，使人产生小威尼斯的幻觉。"

——（俄）顾彼得《被遗忘的王国》（1955年）

1 | 2 | 3 | 4

图1 《徐霞客游记》封面
图2 刘敦桢
图3 《中国西南古纳西王国》封面
图4 顾彼得

2. 为何今天的丽江受到那么多游客青睐

"丽江古城是悠然生活的真实范本，都市人群的心灵家园。……有人把丽江称之为灵魂栖居地、精神后花园。"

——和自兴（原中共丽江市委书记）❶

"这里是如此宁静，好像是上帝创造的专门安置人类灵魂和内心的地方。……她为你提供了诗意的漫游和栖居所需要的一切因素。"

——卢一萍（作家）❶

"他们希望在一个快时代能寻找到一种慢生活。这个伊甸园，他们在全球找不到，最后在丽江找到了。"

——王志纲（策划人）❶

"如果有时间选一个地方小住的话，首选是丽江。一方面是那里有很多老朋友，一方面又可以结识很多新朋友。"

——孙冕（《新周刊》杂志社社长）❶

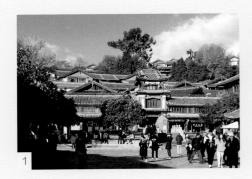

1 | 2

图1　丽江四方街上的游客
图2　体验丽江民居文化的游客
（图片来源：李君兴 提供）

❶ 大山. 丽江慢生活. 昆明：云南人民出版社，2011: 4-5.

3. 引发的问题思考

丽江古城为何与众不同而特色鲜明？ —— 发掘古城营建内涵

丽江古城的传统民居精彩体现在哪里？ —— 解析传统民居智慧

丽江古城吸引人的内在精神是什么？ —— 探析丽江人文精神

丽江古城鸟瞰（图片来源：张雁鸽 摄）

第一章

丽江古城
历史演变

（一）唐宋的丽江村集

1. 交通地位的决定

丽江处于四川、西藏和云南三省区的交通要冲，西北通往藏区，东北抵达四川，东南连接云南省腹地大理、昆明（图1-1-1）。为此，历史上这里成为商道交汇之地，其中包括著名的"茶马古道"。

城市的产生源于村落与集市，丽江的起源同样如此。这里早期的集市规模较小，位于阿溢灿、川底瓦等村落附近。隋末唐初，丽江就有了定期的露天市集。❶

唐朝人樊绰在《云南志云南城镇》中提到的桑川即现在丽江大研古城一带。❷

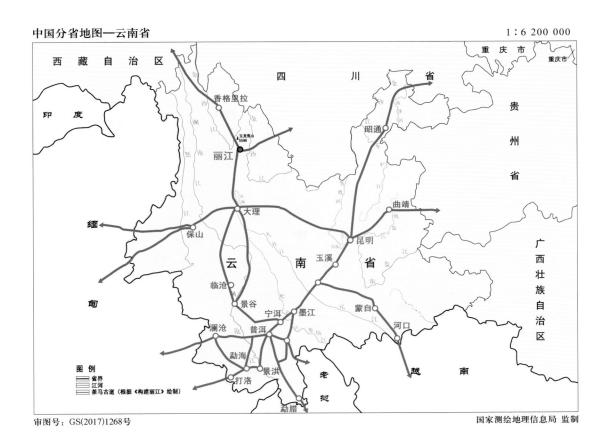

中国分省地图—云南省　　　　　　　1∶6 200 000

审图号：GS(2017)1268号　　　　　　　国家测绘地理信息局 监制

图1-1-1　丽江位置示意图

❶ 木丽春. 丽江古城史话. 北京：民族出版社，1996：24.

❷ 李汝明. 丽江纳西族自治县志（截至1990年）. 昆明：云南人民出版社，2001：836-837.

2. 唐宋时期的村落

唐宋时期，现丽江地域范围内没有街坊，仅有从事半农半牧的几个村寨散布在丽江范围内的玉河流域（图1-1-2）。

玉河的东岸是一道依山缓降至河边的山坡，沿着此山坡依玉河岸有个叫川底瓦的寨子，意为鹿地村。沿着玉河东北岸边有一个叫阿溢灿的村子，意为猴子村。阿溢灿村下边，沿着玉河东北岸又有一个叫吉底泊的村子，意为河那边村。沿着玉河下去，在玉河的东南边分布着一个叫巴瓦的村子，意为蛙村。❶这些带有图腾信仰的村落产生之初一般规模较小，沿着玉河星落式布局，并有道路串联。

在狮子山的南侧，有一白马龙潭水源，有水即有人居住，在白马龙潭水流经的地方，有一村寨名曰拉日灿，意为有虎威的蛇村。❶

这两个水系边散居的麽些先民，为最早开发该地域的麽些居民，图1-1-2为丽江地域在唐宋时期的概貌。❶

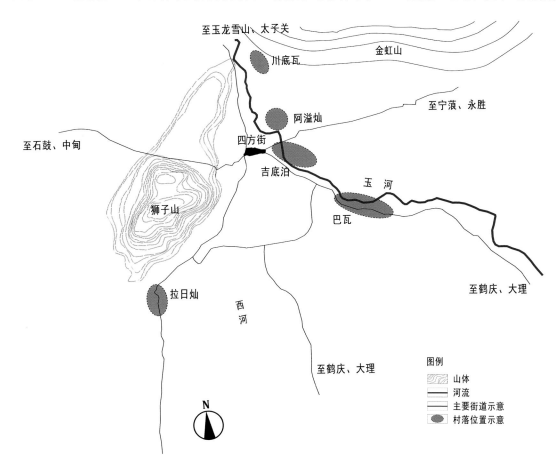

图1-1-2　唐宋时期丽江地域原始村落示意图
（图片来源：根据木丽春《丽江古城史话》绘制）

❶ 木丽春. 丽江古城史话. 北京：民族出版社，1996：6-7.

3．早期的集市

唐宋时期，在现丽江地域几个古村落的中心地点有了不定期的日出开市、日落散集的露天集市，而这个集市被麽些先民称曰"英古公本芝"。[1]纳西语"英古公本芝"有两种诠释：一种是"江湾地互作集市的地方"；另一种全意为"江湾地玉河畔村子互市集场"。[2]

人类的城市发展史告诉我们：在游牧时期，人类居无定所、随牧而居；到了农业社会，人类有了自给自足的定居的农村村落；随着生产力的发展，人们有了分工，出现了商品交换，才逐渐形成城镇。由此可见，唐宋时期丽江地域的村落与集市已为日后的城市形成孕育了胚胎。（图1-1-3）

1	2
3	4
5	6

1-2　游牧帐篷
3-4　农村村落
5-6　城镇
图1-1-3　城市形成的历程示意
（图1、2、3、5来源：http://image.baidu.com）

❶ 木丽春．丽江古城史话．北京：民族出版社，1996：6.
❷ 木丽春．丽江古城史话．北京：民族出版社，1996：8.

（二）元代的城市雏形

1. 元初丽江的罗波城与白沙

据史料记载，丽江古城始建于宋末元初期间。据清乾隆《丽江府志略》载："宋理宗淳祐十三年（公元1252年），元主遣太弟忽必烈攻大理由临洮逾吐蕃至丽江，所至望风款付。"元宪宗四年（公元1253年）在罗波城（今石鼓）设茶罕章管民官，后由追随忽必烈的麽些酋长阿琮阿良（麦良）及其子阿良阿胡先后任其职；至元八年（公元1271年）改置茶罕章宣慰司，阿良阿胡继任宣慰司之职；至元十三年（公元1276年）茶罕章宣慰司改置为丽江路军民总管府，其职仍由阿良阿胡继任，"丽江"之名从此起始沿用。直到此时，治所一直在罗波城（石鼓）（图1-2-1）。❶

阿良阿胡其祖先系麽些三大部落之一的尤古年一系，其发祥地为白沙，至阿良阿胡时，尤氏在白沙已经营了二十多代。❷（图1-2-2）

1-2-1 | 1-2-2

图1-2-1　石鼓镇（元初罗波城）之铁虹桥
图1-2-2　今日白沙古镇（麽些首长尤氏发祥地）（图片来源：唐新华 提供）

❶ 木丽春. 丽江古城史话. 北京：民族出版社，1996：14.
❷ 木丽春. 丽江古城史话. 北京：民族出版社，1996：15.

2. 丽江宣抚司新治所的大研

至元二十二年（公元1285年），罢丽江路军民总管府，改置丽江宣抚司，阿良阿胡再继任宣抚司职务。鉴于统领地盘的扩大，出于政治需要和地理因素，阿良阿胡放弃了罗波城和白沙，慎重地选择了大研（英古公本芝）为治所新址。

大研地处丽江坝子中心，又临于其统辖地域的中心位置，位于江湾腹地的口袋底，有天然的四环大山屏障，又有一条金沙江水环绕，成为天赐的"护城河"，易于防守，是治所理想的选址。[1]（图1-2-3）

丽江宣抚司新治所是罗波城和白沙发祥地两地综合的历史产物，它自然也启动了大研的城镇建设。

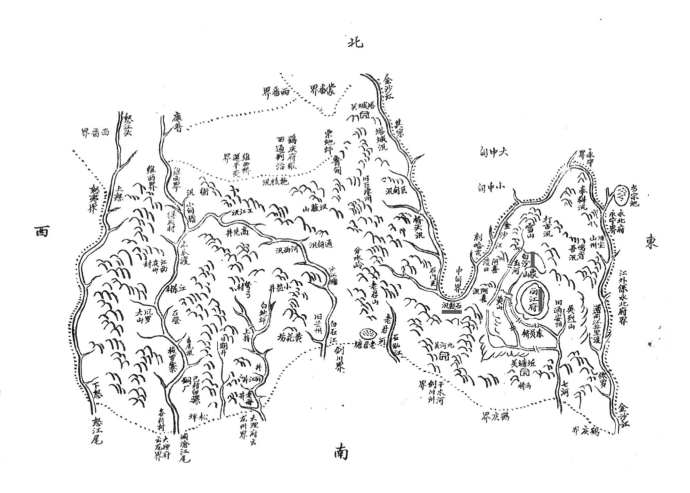

图1-2-3 清乾隆《丽江府志略》中大研古城区位图

❶ 木丽春. 丽江古城史话. 北京：民族出版社，1996: 14-15.

3. 元末丽江古城格局的大体形成

　　元代丽江宣抚司的治所，在大研古城从至元二十三年（公元1285年）到元末（公元1381年）历经了九十多年的历史。从麦良起到他的曾孙阿烈阿甲，在四代人经管的丽江大研古城中，他们开了一条西河水（注："元辟西河"一说有一定道理，但未见史料记载与佐证），规划了府院的宅基地，开辟了古城四方街的露天摊中心市场；然而那时因丽江生产水平的落后，加之随元军出征的战事折腾，很难有财力投入大兴土木之举。❶也就是说，到元末丽江只是形成了古城城建格局的大概轮廓（图1-2-4）。

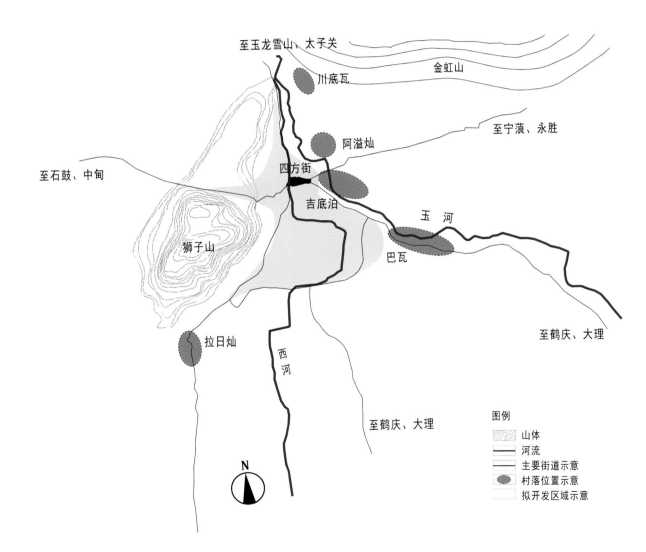

图1-2-4　元末的大研古城
格局示意图
（图片来源：根据木丽春《丽
江古城史话》绘制）

❶ 木丽春. 丽江古城史话.
北京：民族出版社，1996：
22.

（三）明清的城市生长

图1-3-1　丽江军民府复原总平面示意图
（图片来源：选自蒋高宸《丽江——美丽的纳西家园》，
第65页）

1. 明初丽江城建的兴起

明洪武十四年（公元1381年）朱元璋派30万大军进讨云南。次年克大理，时任元朝通安州知州、丽江宣抚司副使的阿甲阿得审时度势、"率众归顺"，任丽江府知府。次年，明太祖赐阿得"木"姓；洪武十六年（公元1383年）并亲授木得世袭丽江知府"诰命"（即委任状）。洪武三十年（公元1397年），改丽江府为丽江军民府。

由于政治地位的变化、势力的扩大，木得遂在狮子山东麓建造丽江府公署——丽江军民府府衙（即"木府"），以此揭开了古城大规模建设的序幕。❶（图1-3-1）

木府建筑规模宏大，等级很高，造型辉煌，明朝徐霞客在其《滇游日记》中称"宫室之丽，拟于王者。"然其后来被毁，全貌未见史籍记载。蒋高宸先生对其有所考证，并作出复原示意图。现木府为1997年重建。

❶ 蒋高宸. 丽江——美丽的纳西家园. 北京：中国建筑工业出版社，1997：72.

2. 清代流官府城阶段的丽江古城

清雍正元年（公元1723年）"改土归流"，清朝廷降木氏土司为土通判，委派流官管理丽江。首任流官杨馝在雍正二年（公元1724年）春抵丽视事，首先在古城东北金虹山麓建府城。杨馝在任期间，继兴建府城之外，又建府衙和雪山书院。❶

清咸丰十年（公元1860年），府署为义军拆毁，以后又遇数次地震，城墙渐次倒塌。清光绪十三年（公元1887年），勉力重建了府署，城墙未再恢复。然其重建的丽江府署与县衙今已无存。❷

改土归流后，流官规划开挖了古城的东河❸，由中河在双石桥南分出（注：此"清凿东河"一说虽也有一定的道理，可能与筑流官府城有关，但亦无史料记载与佐证）。（图1-3-2）

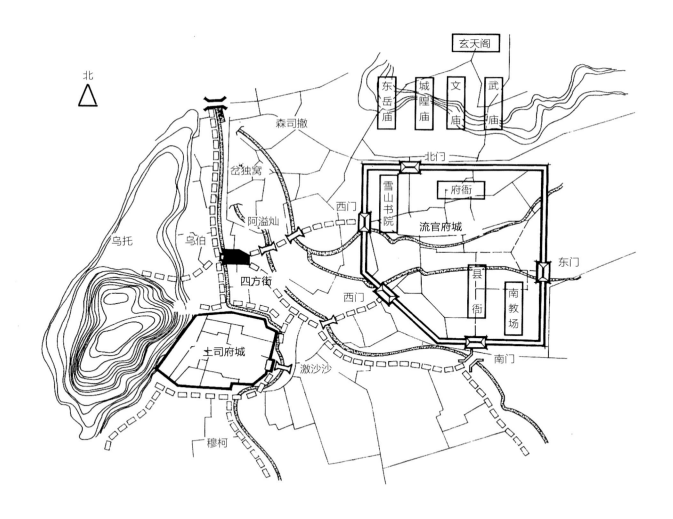

图1-3-2　清"改土归流"
后大研古城布局示意图
（图片来源：选自蒋高宸《丽
江——美丽的纳西家园》，
第62页）

❶ 蒋高宸. 丽江：美丽的
纳西家园. 北京：中国
建筑工业出版社，1997：
67-68.

❷ 蒋高宸. 丽江：美丽的
纳西家园. 北京：中国
建筑工业出版社，1997：
70.

❸ 木丽春. 丽江古城史话.
北京：民族出版社，
1996：24.

（四）近代的城市兴衰

1. 清末战乱破坏与近代复苏

19世纪后半叶，清咸丰、同治年间（公元1856年~1872年）滇西北杜文秀起义，丽江地区成为清官军与起义军的主战场，清军与回民在丽江反复争夺对峙，大研古城遭受到极大的破坏。[1]据说，当时全城大部分民房皆被毁。

清同治末年以后，社会相对安定，经济逐步复苏，民居建筑恢复修建。[2]丽江古城内现有的绝大部分民居皆为清末及民国时期始建。（图1-4-1、图1-4-2）

1-4-1
———
1-4-2

图1-4-1　1944年丽江航拍图（图片来源：丽江古城保护管理局 提供）

图1-4-2　约瑟夫·洛克拍摄的20世纪20~40年代古城百岁桥一带（图片来源：《丽江读本》提供）

[1] 和慧军. 丽江地区志（下卷）. 昆明：云南民族出版社，2000：295.

[2] 李汝明. 丽江纳西族自治县志（截至1990年）. 昆明：云南人民出版社，2001：837.

2. 民国时期茶马古道上的繁荣节点

茶马古道连接四川、云南、西藏，一直到印度成为当时中国对外的物资输送通道。丽江作为古道上的重要驿站，民国时期商业活动达到顶峰。这些商业的繁荣促进了大研城市建设的发展，出现兴建、改建房屋的高潮。❶

20世纪40年代，大研古城虽然经历了几个世纪的演变，但其城市结构清晰，城市肌理随水系和地形地貌延伸。四方街在这时成为明显的城市中心，五条主要街道（新华街、五一街、七一街、金星巷—光碧巷、新华街黄山段）由四方街向外发散❷。（图1-4-3）

图1-4-3 约瑟夫·洛克拍摄的20世纪40年代的丽江四方街（图片来源：《丽江读本》提供）

❶ 和慧军. 丽江地区志（下卷）. 昆明：云南民族出版社，2000：295.

❷ 李汝明. 丽江纳西族自治县志（截至1990年）. 昆明：云南人民出版社，2001：837.

（五）现代的古城保护

1. 20世纪50年代的丽江古城

1949年丽江解放，从此进入了新的历史时期。

20世纪50年代前，大研古城为丽江城市的主体，行政中心位于古城内，占据了城区的核心位置。在这一时期，大研古城承担了城市的主要功能，如行政、商业、居住、工业等。

自1951年始，丽江当地政府在新城发展方向上做出了一项重要决策：即不再将古城作为城市中心，在古城外另建新城。这一决策与梁思成先生当年极力陈诉而未能实现的关于北京建设"避开古城，另建新都"的思路不谋而合，这在全国极为罕见，实属万幸。丽江在古城西北、西面开辟新城区，将古城内的部分机关、工厂、商店等迁往新城❶，这使丽江古城在其后轰轰烈烈的城市发展中得以完整保存至今。（图1-5-1、图1-5-2）

1-5-1
——
1-5-2

图1-5-1　丽江解放后新建的避开古城的新大街，此为20世纪80年代的新大街（图片来源：和茂华 摄，唐新华 提供）

图1-5-2　1981年拍摄的丽江古城全貌

❶ 李汝明．丽江纳西族自治县志（截至1990年）．昆明：云南人民出版社，2001：837．

2. 20世纪80、90年代的丽江古城

　　1986年8月14日，时任云南省省长和志强及时批示了一封"紧急呼吁"信，批示中明确提出要"较完整的保留丽江古城"，阻止了四方街被现代城市道路建设"打通"，使丽江古城免遭到毁灭性的破坏。自此以后，"保护古城"成为丽江城市建设者的首要共识。（图1-5-3）

　　1994年10月，云南省政府召开"滇西北旅游现场办公会"，主持会议的正是和志强省长，此次会议确立了把旅游业作为主导产业、振兴滇西北经济的发展战略。会议决定丽江古城申报世界文化遗产，三江并流申报世界自然遗产。这次会议还专门讨论了丽江古城的保护问题，批准实施《丽江大研古城保护案》，这份方案还特别指出："名城保护是涉及千家万户的系统工程，必须加强宣传，统一思想，提高认识，树立干部群众的名城意识。"

图1-5-3　和志强省长对朱良文教授"紧急呼吁"信件的批示影印件

3. "2·3" 地震后的恢复重建

1996年 "2·3" 大地震后，政府将震后恢复重建与全面整治、改造古城基础设施结合，投入4亿多元资金进行古城 "修旧如旧" 的保护性修缮与修复，同时拆除了与古城传统风貌不协调的现代建筑，并通过旅游业发展带动了古城的保护。（图1-5-4～图1-5-7）

1-5-4	
1-5-5	
1-5-6	1-5-7

图1-5-4　地震中的丽江古城1（图片来源：任洁 摄）
图1-5-5　地震中的丽江古城2（图片来源：孙晓云 摄，《丽江读本》提供）
图1-5-6　地震后的修复重建（图片来源：和新民 摄，《丽江读本》提供）
图1-5-7　地震后修复的丽江古城街巷

4. 申遗后的丽江古城

　　1997年12月3日下午在意大利那不勒斯，当地时间19时（北京时间12月4日凌晨2时），经联合国教科文组织世界遗产委员会第21次全体会议正式批准，丽江古城列入"世界文化遗产清单"。丽江古城成为当时中国99个历史文化名城中进入世界文化遗产名录的第一个名城，填补了当时中国历史文化名城中尚无世界文化遗产的空白。（图1-5-8、图1-5-9）

　　丽江古城自申遗成功后，旅游业获得了极大的发展（图1-5-10）。

1-5-8 | 1-5-9
　　　 | 1-5-10

图1-5-8　世界遗产标志牌
图1-5-9　世界文化遗产丽江古城标志牌
图1-5-10　中外游客在丽江（图片来源：万红丽 摄）

（六）当代的城市发展

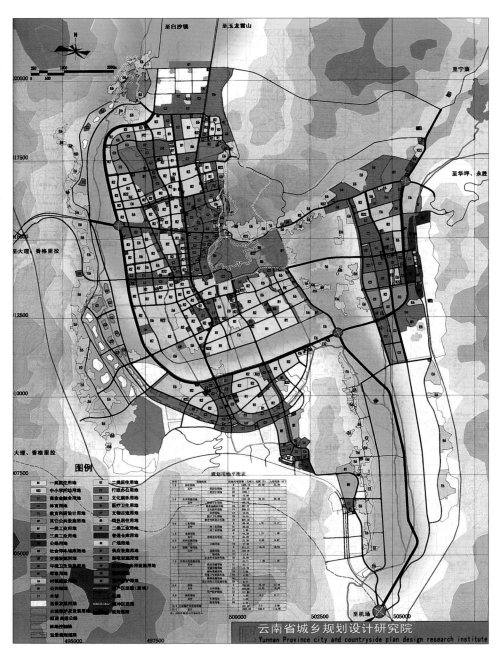

1. "山、水、城、田" 的保护发展格局

进入21世纪，丽江新区加速在古城外围发展，古城内的行政、工业、医院等功能区逐步迁出，古城逐渐转变为如今的"历史遗产+旅游功能服务区"。2002年，丽江在古城外围划定田园风光保护带，设定了"山、水、城、田"的保护发展格局。2010年制定的《丽江市城市总体规划》，确定了丽江田园风光保护带的规模及范围（图1-6-1）。

图1-6-1　2010年制定的《丽江市城市总体规划》中心城区规划用地布局图（图片来源：丽江古城保护管理局 提供）

2. 古城保护步入法制化轨道

《云南省丽江古城保护条例》2006年开始实施，丽江古城的保护步入了规范化、法制化的轨道（图1-6-2）。2006年、2007年，丽江市古城保护管理局开始以《丽江古城传统民居保护维修手册》（图1-6-3）、《丽江古城环境风貌保护整治手册》等技术导则为依据进行古城内建筑与环境的维修与保护管理。自此，丽江古城的物质文化遗产保护进入了良性循环的"自我修复"机制（图1-6-4）。

世界文化遗产丽江古城保护技术丛书

丽江古城传统民居保护维修手册

世界文化遗产丽江古城保护管理局 编著
昆明本土建筑设计研究所

主编 朱良文
 商昌
主审 顾奇伟
审定 木崇根

云南出版集团公司
云南科技出版社

	1-6-3
1-6-2	1-6-4

图1-6-2 《云南省丽江古城保护条例》
图1-6-3 《丽江古城传统民居保护维修手册》
图1-6-4 世界文化遗产丽江古城民居修缮公示牌

云南省丽江古城保护条例

世界文化遗产丽江古城保护管理局 印制
二〇〇五年十二月

世界文化遗产丽江古城
民居修缮公示牌

NO: 2019 - 053

修缮地址	丽江古城新华街双石段76号	拟经营项目	
产权所有人	叶书安　电话：13841305333	修缮内容	
申请人	益群民居修缮队 电话：13038612850	经实地勘察，该户产权清楚，属丽江古城遗产区范围内，根据丽江古城民居修缮的相关要求，整改与古城风貌不相协调部分（拆除室外楼梯）的情况下，由于该户房屋年久失修，存在一定安全隐患，现同意对该户坐西朝东（西侧）砖木楼房上（2.4m）下（2.6m）10间、坐西朝东（东侧）砖木楼房上（2.4m）下（2.6m）6间（共计417.43m²）原址拆除重建为坐西朝东（西侧）砖木楼房上（2.4m）下（2.6m）10间、坐西朝东（东侧）砖木楼房上（2.4m）下（2.6m）6间（共计417.43m²）。修缮必须遵循"修旧如旧、原貌恢复"的原则，其建筑风貌必须与古城传统民居相一致，修缮过程中不得增加建筑面积、高度、体量，严格按照审查通过的修缮方案进行修缮，要求室内电线穿管，室外线路规范，不准安装影响风貌的设施，必须完善排污系统，将污水排入排污管网。
施工单位及负责人	LGS085 益群民居修缮队　电话：13038612850		
开工日期	2019 年 3 月 25 日		
监管员	和正武　张国胜 张业兵　和永光　赵晓俊		
监管机关	综合行政执法局（5308188） 保护建设科（5105613）	公示机关	世界文化遗产 丽江古城保护管理局
修缮审批机关	丽江市规划局古城分局		

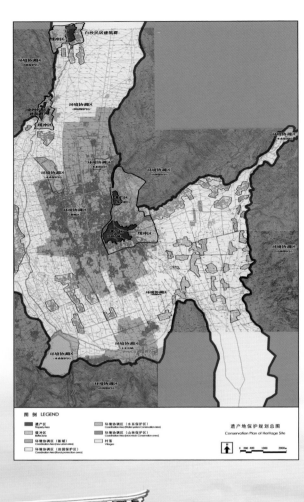

3. 遗产核心保护区范围的扩大与城市的协调发展

　　《世界文化遗产丽江古城保护规划》明确划定并扩大了遗产核心保护区的范围，对其进行了严格的保护控制（图1-6-5）。

　　在核心保护区外，随着社会与经济的发展，丽江的城市建设也得到了协调发展，如玉缘小区、金茂谷镇、雪山小镇等（图1-6-6）。

1-6-5
────
1-6-6

图1-6-5　《世界文化遗产丽江古城保护规划》遗产地保护规划总图
（图片来源：丽江古城保护管理局 提供）
图1-6-6　核心区外的协调发展

4．古城基础设施的完善与环境整治

　　加强了古城内基础设施的完善与环境的整治，如四方街广场路面的传统恢复、给排水管网整治、消防设施的完善、旅游公厕的建设、标识系统的规范等（图1-6-7~图1-6-10）。

1-6-7	1-6-8
1-6-9	1-6-10

图1-6-7　小型消防设施
图1-6-8　古城的标识系统
图1-6-9　丽江的旅游公厕
图1-6-10　古城的绿化

5. 古城景观环境的提升

　　玉河走廊的整治、玉龙广场的景观打造、黑龙潭的整治与水面扩大、束河古镇的修复等大大提升了古城景观环境的品质（图1-6-11~图1-6-14）。

1-6-11		
1-6-12	1-6-13	1-6-14

图1-6-11　丽江黑龙潭水面的扩大
图1-6-12　玉龙广场的景观设施
图1-6-13　玉河走廊的整治
图1-6-14　束河古镇的修复（图片来源：和璀钰 摄）

6. 古城文化院落的整治与营造

为增加古城文化内涵、提升古城的文化品位，近几年古城加大资金投入，整治与营造了如"方国瑜故居"、"周霖艺术馆"、"王丕震纪念馆"、"雪山书院"、"丽江古城私立民居博物馆"、"天地院"、"纳西人家"、"手道丽江"等数十个文化院落，营造了良好的人文环境，丰富了古城旅游的文化体验。（图1-6-15~图1-6-17）

图1-6-15　方国瑜故居（图片来源：张雁鸽 摄）

1-6-16
1-6-17

图1-6-16　丽江古城私立民居博物馆内院
（图片来源：张雁鸽 摄）
图1-6-17　周霖艺术馆内景

丽江古城历史演变大事记

年代	事件
南宋末年（1279年）	大研地域仅有少量村落
南宋宝祐元年（1253年）	木氏先祖阿琮阿良归附元世祖忽必烈
元至元十二年（1275年）	元朝在该地设三赕管民官，其建制隶属于茶罕章宣慰司
元至元十三年（1276年）	茶罕章宣慰司改为丽江路军民总管府，治所在罗波城（今石鼓）
元至元二十二年（1285年）	罢丽江路军民总管府，改置丽江宣抚司，治所搬至大研
明洪武十五年（1382年）	通安州知州、宣抚司副使阿甲阿得归顺明朝，设丽江府，阿甲阿得被朱元璋赐姓"木"并封为世袭知府；洪武三十年（1397年），改丽江府为丽江军民府
清顺治十六年（1659年）	明朝丽江知府木懿归附清朝，仍准袭丽江军民府知府
清雍正二年（1724年）	第一任丽江流官知府杨馝到任后，在古城东北面的金虹山麓新建府城及流官府衙
清咸丰、同治年间（1856~1872年）	杜文秀起义时，古城大部分被烧毁。同治末年以后，民居建筑恢复修建
民国2年（1912年）	丽江废府留县，县衙门迁入原丽江府署衙内
1949年	丽江解放，从此跨入了新时代
1951年	丽江城市建设不再以古城为中心，"另建新城"
1961年	设丽江纳西族自治县
1986年	和志强省长针对"紧急呼吁信"进行批示，阻止了对丽江古城"心脏"四方街地段的毁灭性破坏，明确指示要"较完整的保留丽江古城"
1994年	10月，云南省政府召开"滇西北旅游规划会"，决定丽江古城申报世界文化遗产，批准实施《丽江大研古城保护案》
1996年	丽江"2·3"大地震后，当地政府对大研古城的实施"修旧如旧"的保护性修复，并拆除了与古城内与传统风貌违和的现代建筑，实现了对大研古城的整体性保护
1997年	12月4日，丽江成为全国首批世界文化遗产城市，当地旅游业呈井喷式发展
2001年	10月，在丽江召开的"联合国教科文组织亚太地区文化遗产管理第五届年会"上，保护丽江古城的经验和成果被肯定为"丽江模式"
2002年	丽江撤地建市，大研古城被列入丽江市古城区，划定古城外围的田园风光保护带
2006年、2007年	大研古城开始依照《云南省丽江古城保护条例》及《丽江古城传统民居保护维修手册》等技术导则进行古城内建筑的维修与保护管理，古城的建筑与环境空间保护至此走上了法制化、规范化轨道

第二章

古城营建
内涵发掘

（一）科学的古城选址

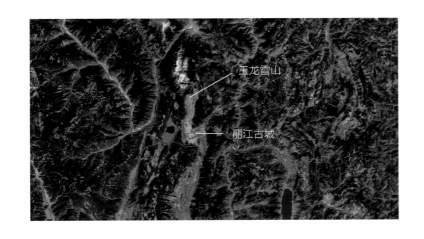

1. 人居大环境的选择

　　大研古城位于青藏高原东南边缘，横断山脉东部，滇西北中部平坝地区；上有雪山丰富的水源，四周有高山、森林及其围合的广袤的田地；其独特的川滇藏结合部地理区位和山地间平坝的地理环境，是适宜人类生存的较好地域，使其自古就成为纳西先民定居的最佳选择。（图2-1-1、图2-1-2）

2-1-1
2-1-2

图2-1-1　丽江地域的卫星平面图
图2-1-2　群山间的丽江坝（图片来源：张雁鸽 摄）

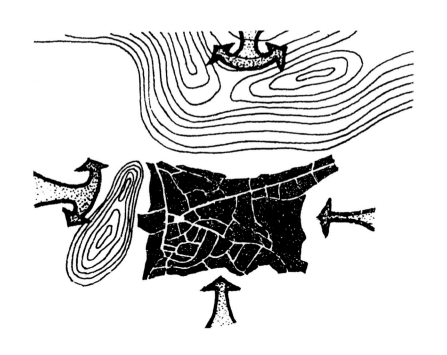

2. 古城选址的讲究

丽江古城处于丽江坝，海拔2400米，这里干、湿季分明，季风显著。从具体的环境来说，丽江古城选择于北靠象山、金虹山，西依狮子山的缓坡地段（图2-1-3、图2-1-4）：

第一，有利于阻挡西北寒风，喜迎东南暖阳；

第二，顺应北高南低、西高东低的坡地地形，利于日照通风；

第三，距上部黑龙潭泉水水源较近；

第四，玉河水系穿城而过，有利于上游居住、下游灌溉。

2-1-3	图2-1-3　丽江古城选址示意图
2-1-4	图2-1-4　西、北靠山的丽江古城（图片来源：张雁鸽 摄）

（二）精心的水系营造

1．古城水系与路网格局

历史上黑龙潭的水源一向充足，它通过玉河向南流淌，经玉龙桥后分成西河、中河、东河三股支流，然后潺潺的河水随地势又分流为无数支渠（图2-2-1、图2-2-2）。古城利用这种有利的自然条件，街道不拘网格的工整而自由布局，形成了一种极有特色的路网格局，使水穿街流巷、穿墙过屋，这样为古城丰富而具特色的空间塑造创造了优越的条件。

2-2-1	2-2-2

图2-2-1　古城水系与路网格局示意图
图2-2-2　丽江古城水系上游的玉河

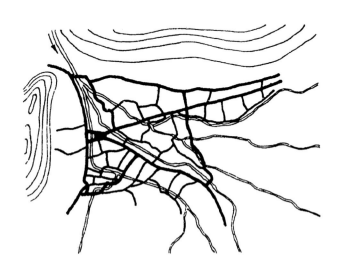

2. 古城水系与街景景观

　　沿中、西、东三条主河凿渠分流保证了古城水系的均匀分布，并巧妙地利用了自然水位势差，形成城市的自动供水系统，几乎每家都可临水。这样的水系网络既便利了居民的生活，又使古城充满了水的灵气，形成独特的街巷景观（图2-2-3～图2-2-5）。

2-2-3		
	2-2-4	2-2-5

图2-2-3　街道水景（图片来源：张雁鸽 摄）
图2-2-4　小巷水景
图2-2-5　丽江古城水系景观

3. 古城水系上的桥梁

　　"小桥流水"是丽江古城的真实写照，古城中遍布的河渠与街道穿插必将产生无数的大小桥梁，是为古城中一道特色景观（图2-2-6~图2-2-13）。古城中的桥随水面的宽度有大有小，随街巷的人流有宽有窄，既有石砌的拱桥，也有简易的木桥，形式多样，栏杆简洁而质朴，随着岁月的流逝留下了深深的历史痕迹。过去曾有"桥市"（桥头交易）的传统，"桥歇"（桥栏杆上坐歇）也是一常见景观。

$$\frac{2\text{-}2\text{-}6}{2\text{-}2\text{-}7} \Big| 2\text{-}2\text{-}8$$

图2-2-6　万子桥（图片来源：唐新华 提供）

图2-2-7　大石桥（图片来源：张雁鸽 摄）

图2-2-8　百岁桥

图2-2-9 卖鸡豌豆桥（图片来源：张雁鸽 摄）
图2-2-10 古栗木板桥
图2-2-11 南门桥
图2-2-12 玉带桥
图2-2-13 大石桥的桥头风情（图片来源：唐新华
提供）

4. "三眼井"的科学与人文

古城中的地下水系亦很丰富，有多处龙潭、泉眼出水形成水井，除少数单眼的井如溢灿井外（图2-2-14），都为"三眼井"。所谓"三眼井"即利用自然的地形高差将井设为三眼，上眼供挑水饮用，中眼淘米洗菜，下眼洗衣，这种科学的节约用水的方法已成为丽江百姓的自觉行为，三眼井旁常呈现出一种和谐的人文景观（图2-2-15～图2-2-20）。

2-2-14	2-2-15
2-2-16	

图2-2-14 溢灿井
图2-2-15 三眼井1
图2-2-16 三眼井2

2-2-17	2-2-18
2-2-19	2-2-20

图2-2-17 三眼井3
图2-2-18 三眼井4
图2-2-19 三眼井5
图2-2-20 三眼井旁的居民

5. 方便的以水冲街习俗

古城中心的四方街过去曾有每晚利用西河开闸冲洗的习俗。西侧的西河水位略高于四方街的广场地坪，且广场地坪有西高东低的微坡，故只要西河岸边闸门（可搬动的条石）打开，即可放水自然冲洗广场，既方便、省力，又干净、快捷（图2-2-21~图2-2-24）。

2-2-21	
	2-2-23
2-2-22	2-2-24

图2-2-21　西河的水源
图2-2-22　以西河水冲洗四方街广场（图片来源：唐新华 摄）
图2-2-23　出水口（图片来源：马登科 摄）
图2-2-24　扫向下水道入口（图片来源：马登科 摄）

（三）合理的规划布局

1. "山—水—城—田"的总体格局

从丽江古城的总体格局来说，远有群山的环抱，近有象山、金虹山、狮子山相依，正北有雪山为背景，周边有良田相拥，水源近在咫尺，水系穿城而过，这种"山—水—城—田"有机融合的大格局形成了生动和谐的生态景观与田园风光（图2-3-1~图2-3-5）。

2-3-1	
2-3-2	2-3-3

图2-3-1　山（图片来源：张雁鸽 摄）
图2-3-2　水（图片来源：张雁鸽 摄）
图2-3-3　城（图片来源：张雁鸽 摄）

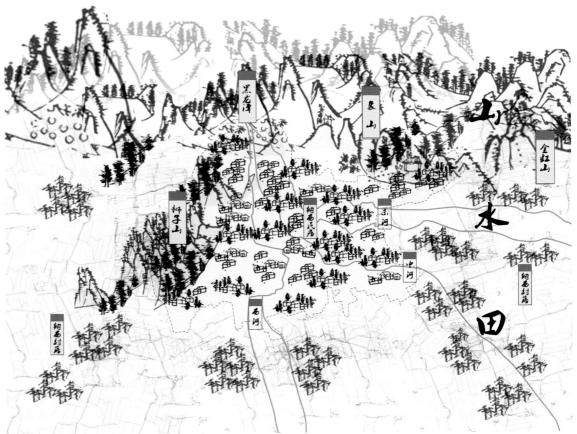

2-3-4
2-3-5

图2-3-4 田
图2-3-5 丽江古城"山—
水—城—田"的和谐布局意象

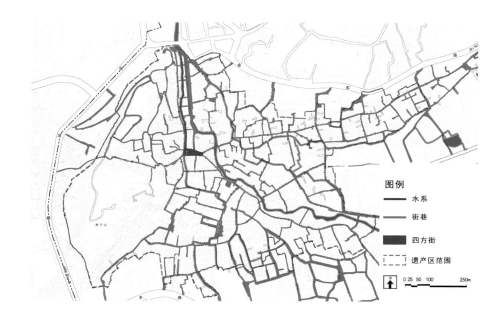

图例

水系
街巷
四方街
遗产区范围

0 25 50 100   250m

2. 随地形与水系的自由布局

丽江古城的最大特点在于其随地形与水系的自由布局，它不同于我国一般古城棋盘式的工整布局。由于地形有高低，水系有曲折，古城的街巷在平面上不取规则的网格，而是以四方街为中心放射状加自由穿插地布局（图2-3-6）；在竖向上不取土地的平整，而是随地势高低灵活处理街道与建筑的营造（图2-3-7）。这种随地就势、与水相亲的自由布局，一是避免了对自然地形与水系的破坏；二是节约了土方挖填的人力与成本；三是体现了纳西人尊重自然的理念追求；四是形成了古城独特的街巷景观，提高了古城的美感。

2-3-6	图2-3-6 丽江古城水系、街巷格局图
2-3-7	图2-3-7 丽江古城随山就势的形态

3. 平面院落的灵活多变

　　虽说"三坊一照壁"、"四合五天井"是丽江古城典型的院落布局方式,但却因地形的起伏、水系的曲直而很少有绝对相同的院落。例如,忠义坊13号周宅的"一进三院"外部水系弯曲、地形不规则,因此房屋入口部分的布置随渠曲折,采用锯齿形,反而形成富有韵律感的建筑外貌(图2-3-8)。

图2-3-8　忠义坊13号周宅的"一进三院"平面图及建筑外貌

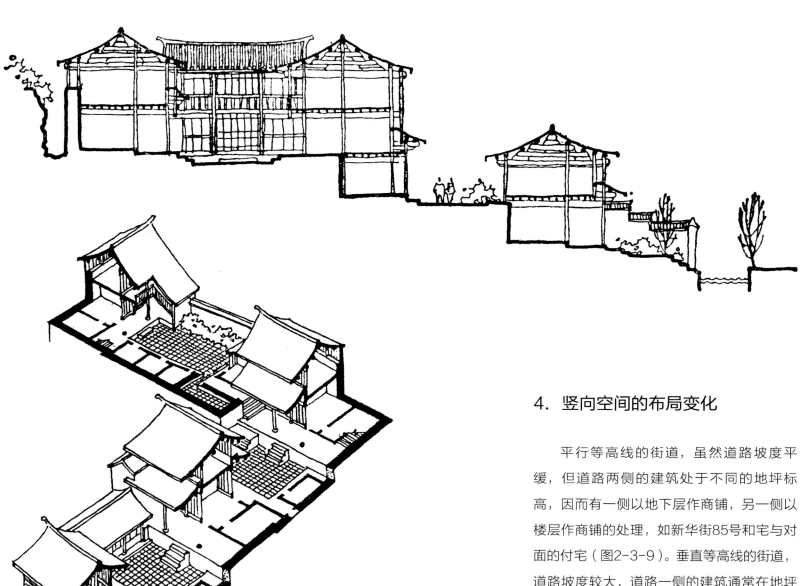

2-3-9
———
2-3-10

图2-3-9　新华街85号和宅及对面的付宅
临街建筑剖面示意图
图2-3-10　新华街87号套院剖视图

4. 竖向空间的布局变化

平行等高线的街道，虽然道路坡度平缓，但道路两侧的建筑处于不同的地坪标高，因而有一侧以地下层作商铺，另一侧以楼层作商铺的处理，如新华街85号和宅与对面的付宅（图2-3-9）。垂直等高线的街道，道路坡度较大，道路一侧的建筑通常在地坪及屋顶轮廓上皆以台阶状处理以与地形适应。也有一些多进院落垂直等高线，从入口到后院的地坪高差很大，为此将各进院落处于不同标高，使内院空间起伏变化而丰富多彩，如新华街87号套院（图2-3-10）。

5. 街巷与水的相依穿插

　　街道或平行于河道布置，或垂直于河道架桥而行，或夹河于中两边成街，或在河一侧单边设道；更有许多街、巷穿插于河道两边，形成主街傍河、小巷临渠的水乡景色。（图2-3-11～图2-3-13）

2-3-11
2-3-12 | 2-3-13

图2-3-11　主街夹河
图2-3-12　河一侧单边设道
图2-3-13　小巷临渠

6. 建筑与水的有机结合

门前即河，房后水巷；跨河筑楼，引水入院。丽江古城"激沙沙"地段一幢民居将哗哗流淌的泉水从水渠引入厨房、穿过小院、流到宅外、再转进后院、穿过偏房、再流到室外的处理真是妙不可言。（图2-3-14～图2-3-16）

2-3-14	
2-3-15	2-3-16

图2-3-14 门前即河
图2-3-15 "激沙沙"民居的引水入院
图2-3-16 房后水巷

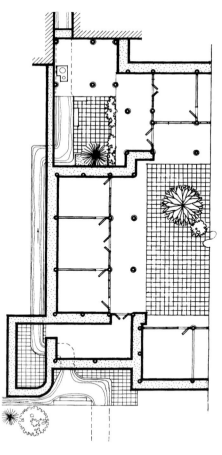

（四）精彩的空间建构

1. 街巷空间的优美

丽江古城由于结合地形、水系的规划布局，道路随水渠的曲直而布置，房屋就地势的高低而组合，这样形成了整个古城丰富、生动、自然、亲和的街景空间。主街紧依西河而筑，颇有水乡特色；小巷随水渠弯曲而行，空间变化多端；上山的街道逐级而上，引人入胜；下坡的小巷居高临下，趣味无穷。（图2-4-1~图2-4-4）

2-4-1			
2-4-2	2-4-3	2-4-4	

图2-4-1　紧依西河的主街
图2-4-2　弯曲的街巷
图2-4-3　上山的街道
图2-4-4　下坡的巷道

图2-4-5　四方街鸟瞰（图片来源：张雁鸽 摄）

2. 四方街的空间尺度

　　四方街是古城的核心广场，周边多条街巷汇集于此，其平面是不规则的梯形，东西长约80多米，南北宽平均25米，西侧有西河穿过，广场以当地特有的五花石铺地，四周多为两层的商铺，空间尺度平和而适宜。（图2-4-5～图2-4-7）

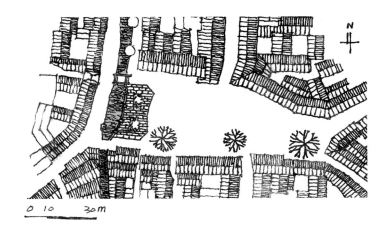

$\dfrac{2\text{-}4\text{-}6}{2\text{-}4\text{-}7}$

图2-4-6 四方街空间尺度平和而适宜（图片来源：张雁鸽 摄）
图2-4-7 丽江古城四方街

0 10   30M

3. 四方街空间的精彩

  四方街西有狮子山为背景，西北角有三层竖向耸立的科贡坊，空间轮廓丰富而生动。过去这里是茶马古道上重要的集市交易场所，如今成为居民歌舞、游客云集的古城"客厅"，极富人情味。郁郁葱葱的山，潺潺流淌的水，古朴优美的房屋，形形色色的人，加上纳西人的舞步与歌声，空间充满生机与激情。（图2-4-8～图2-4-10）

2-4-8	
2-4-9	2-4-10

图2-4-8 四方街——优美的古城"客厅"（图片来源：张雁鸽 摄）

图2-4-9 四方街西北角科贡坊（图片来源：张雁鸽 摄）

图2-4-10 四方街上的舞步

4．节点空间的多样

丽江古城中除广场外还有许多处于道路转角、桥头、河湾、街道中局部留空的节点空间，他们是居民休闲、行人驻足休息的场所，如今更是游客休憩及商贸休闲的重要空间。其面积一般不大，但空间多样、极具特色，如卖草场、万子桥头、关门口等（图2-4-11～图2-4-13）。

2-4-11	
2-4-12	2-4-13

图2-4-11　卖草场（图片来源：张雁鸽 摄）
图2-4-12　万子桥头节点空间
图2-4-13　1981年大火烧毁前关门口空间节点

5. 空间的尺度适当

　　一般商业主街宽3～4米，两侧房屋多两层（少数单层），街道断面的宽高比以0.8～1.2居多，空间具有亲和感，且有利于商业活动；小巷宽大约2米，宽高比在0.5～0.7之间，形成静谧的邻里起居空间。（图2-4-14～图2-4-16）

2-4-14	
2-4-15	2-4-16

图2-4-14　街道空间俯视
图2-4-15　丽江小巷的空间尺度
图2-4-16　丽江古城主街的空间尺度

6. 空间的景观变换

　　古城非方格网的自由布局与地形高低造成了街巷空间大量的转折与起伏，加之空间布局中节点的收放处理，形成了古城景观随时随地的丰富变化。（图2-4-17～图2-4-19）

2-4-17 | 2-4-18
　　　　| 2-4-19

图2-4-17　丽江古城步移景异的街巷景观（图片来源：张雁鸽 摄）
图2-4-18　起伏时的景观变化
图2-4-19　转弯处的景观变化（图片来源：张雁鸽 摄）

7. 空间的对景利用

　　转弯的道路端头及坡道的对面高处是行人自然的视觉焦点，造型古朴的传统建筑在此往往成为优美的对景（图2-4-20、图2-4-21）。

2-4-20 | 2-4-21

图2-4-20　转弯处的对景（图片来源：张雁鸽 摄）
图2-4-21　坡道顶端的优美对景

8. 空间的轮廓变化

　　街巷两侧建筑的天际轮廓有着丰富的高低变化。平缓的商业主街，两侧建筑虽多为二层，建筑与街道平行，但沿街红线并不整齐划一，檐口高低也略有变化，因此天际轮廓也有变化，且这种变化往往富有生动的韵律感。巷道两侧的许多建筑与道路垂直，山墙面对，轮廓变化更为丰富。（图2-4-22、图2-4-23）

2-4-22 | 2-4-23

图2-4-22　巷道轮廓的变化更为丰富

图2-4-23　丽江古城商业街道生动而富有韵律感的天际轮廓

丽江古城（图片来源：张雁鸽 摄）

丽江古城的美是自然赋予的，也是纳西先民利用自然而精心营造的；它是科学选址、水系营造、合理布局、空间建构的综合成果，是一份不可多得的历史文化遗产。

第 三 章

传统民居
智慧解析

（一）丽江民居的形成由来

图3-1-1　纳西族较原始的住居木楞房（图片来源：杨树高 提供）
图3-1-2　纳西传统木楞房（图片来源：李锡 提供）

图3-1-3　有关建房的东巴经文（图片来源：李锡 提供）
（大意：智者建造村寨，座座房屋如山峰。阴神养育粗壮的树木，阳神养育硕大的磐石。人们善于劳作，用白石建造居所，用黄土做泥浆，筑成房屋如山高。砍来七百张划板，盖在大房子顶上，压上三千颗石头，挡住夏天的大雨。从神谷砍来竹子，竹篾编成帘子挂墙上，挡住冬天的寒风。）

1. 社会经济发展的因素

　　人类的住居是随着社会经济的发展而不断演变的，各地在某一时期形成了其较成熟而普遍的特定形式，即成为当地的"传统民居"。丽江的传统民居同样如此。纳西先民从游牧社会走向农耕社会、商业社会，使得住居从非固定的散居走向村落、城镇的聚居，从山区走向平坝，从木结构的"木楞房"走向土木结构的平房、楼房；随着纳西人家族及经济的发展，居住形式从独间、独幢的"金刚金漫"（纳西语，意为房屋前面有一块空地）走向了单幢扩大及其院落组合。（图3-1-1～图3-1-3）

2. 文化影响的因素

人类的住居形式也是一种地域文化的产物。丽江由于地处青藏高原、四川盆地和滇中高原的交汇地带。其一，受中原文化的影响，建筑格局由"间—坊—院—群"的方法组合，空间向院落内向聚合；其二，受羌藏文明的辐射，建筑形象外墙厚重且向上收分，山墙上部开窗，屋顶出檐深远。（图3-1-4～图3-1-6）

3-1-4 / 3-1-5 | 3-1-6

图3-1-4　墙体竖向收分、出檐深远的中甸藏族民居（杨大禹 摄）
图3-1-5　丽江民居的院落受中原文化的影响
图3-1-6　丽江民居外墙厚重、向上收分、屋顶出檐深远

（二）宜居理想的空间构成

1. 民居是家庭生活的起居场所

民居是家庭生活起居的场所，由卧、息、餐饮等空间构成，丽江民居其基本的空间元素有客厅、卧室、廊厦、厨房、天井等（图3-2-1~图3-2-5）。从适合居住要求、当地气候、地形条件出发，这些空间元素合理而丰富的组合，形成了多种平面布局形式。

3-2-1	
3-2-2	3-2-3
3-2-4	3-2-5

图3-2-1 客厅
图3-2-2 卧室
图3-2-3 天井（图片来源：张雁鸽 摄）
图3-2-4 厨房
图3-2-5 廊厦

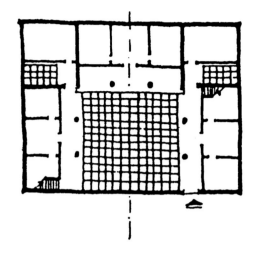

2. 平面布局形式之一——三坊一照壁

三坊一照壁即正房一坊，左右厢房二坊，加上正房对面的一照壁，围合成一个三合院（图3-2-6、图3-2-7）。

3-2-6
———
3-2-7

图3-2-6 三坊一照壁平面示意图
图3-2-7 某三坊一照壁鸟瞰图

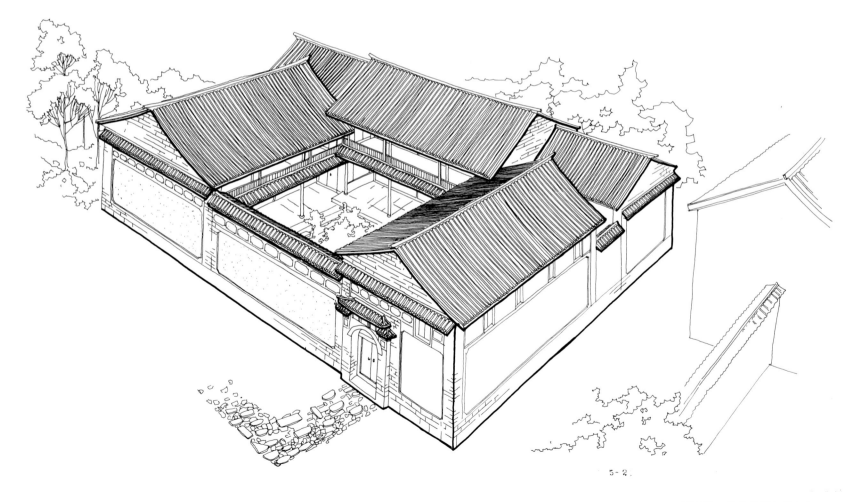

5-2.

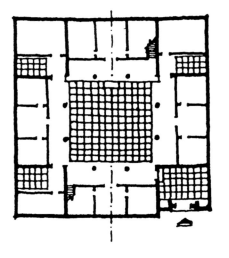

3. 平面布局形式之二——四合五天井

　　四合五天井即由正房、下房、左右厢房四坊的房屋组成一个封闭的四合院；除中间一个大天井外，四角还有四个小天井或"漏角"（图3-2-8、图3-2-9）。

3-2-8
———
3-2-9

图3-2-8　四合五天井平面示意图
图3-2-9　某四合五天井屋顶鸟瞰

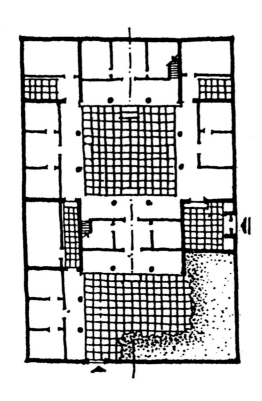

4. 平面布局形式之三——前后院

前后院即在正房的中轴线上分别用前后两个大天井来组织平面。后院为正院，通常用四合五天井平面组成；前院为附院，常为三坊一照壁或两坊与院墙围成的小花园；二院之间可穿通的房叫花厅（图3-2-10、图3-2-11）。

$$\frac{3-2-10}{3-2-11}$$

图3-2-10　前后院平面示意图
图3-2-11　某前后院剖面图

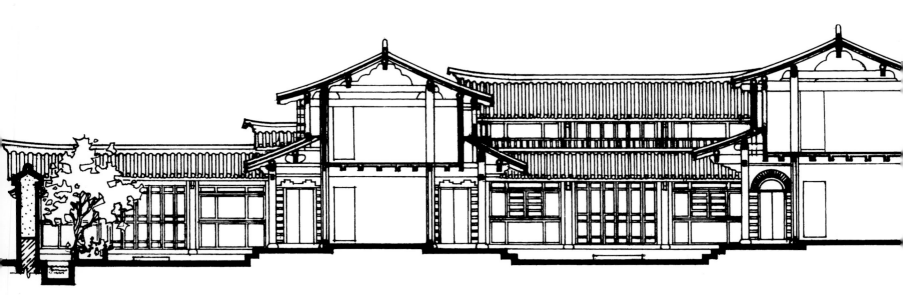

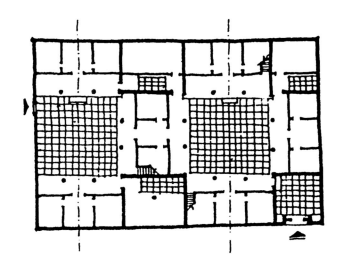

5. 平面布局形式之四——一进两院

一进两院即在正房一院的左侧或右侧另设一个附院，形成两条纵轴线，正院和附院的组合与前后院相同（图3-2-12、图3-2-13）。

除上述的几种基本形式外，还有少量较小或更大组合的其他院落形式。

3-2-12

3-2-13

图3-2-12 一进两院平面示意图
图3-2-13 某一进两院鸟瞰图

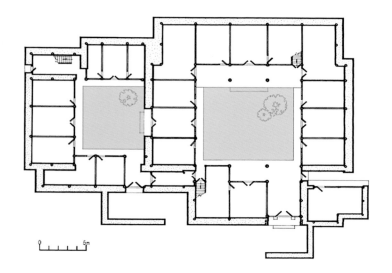

6. 空间构成之天井

　　以天井为中心组织平面，流线主次分明（图3-2-14、图3-2-15）。

3-2-14
———
3-2-15

图3-2-14　以天井为中心来组织平面（一层平面图）
图3-2-15　天井密布的丽江民居群落（图片来源：张雁鸽　摄）

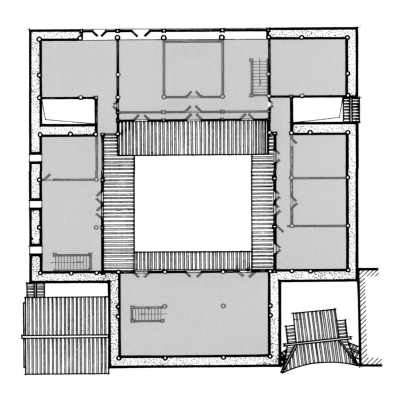

7. 空间构成之房屋

由客厅、卧室等构成的房屋多为二层，部分厢房可做一层（图3-2-16~图3-2-18）。

图3-2-16　某四合五天井的二层平面图
图3-2-17　丽江民居的二层房屋
图3-2-18　二层房屋的山墙

8. 空间构成之厦子

家家都有宽大的厦子
（即檐廊）（图3-2-19~图
3-2-21）。

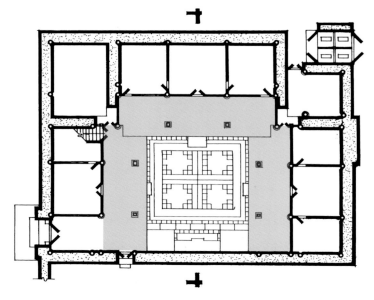

3-2-19	3-2-20
3-2-21	

图3-2-19　三坊一照壁
的厦子（一层平面图）
图3-2-20　厦子空间
图3-2-21　与天井相连
的厦子

9. 空间构成之漏角屋

辅助用房（厨房、卫生间、牲畜、杂物等）放在转角处做成"漏角屋"（图3-2-22~图3-2-25）。在农村，也有将厨房、杂物等放在厢房的。

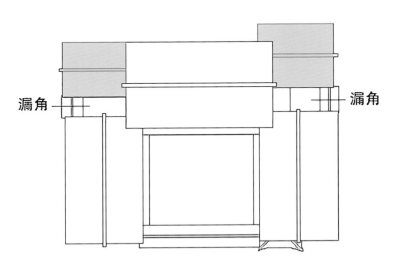

漏角   漏角

图3-2-22　转角处的"漏角"（屋顶平面图）
图3-2-23　"漏角"屋的屋顶亮瓦
图3-2-24　漏角天井
图3-2-25　漏角屋厨房

10. 民居是人们理想的精神家园

　　传统民居除了是满足人们居住需求的物质场所外，它也是满足人们理念追求的精神家园。丽江民居中庭院及厦子有着特别的意义。

　　主天井的庭院对外界来说，是一个家庭的内部空间；对住居来说，又是一个接触自然的室外环境，有着双重的空间属性，平面面积大约9米见方（图3-2-26）。

　　基于独特的自然气候条件，厦子（即檐廊）是丽江民居必需的建筑空间要素（图3-2-27）。它具有供吃饭、会客、休憩、操作副业等多种功能，代替了通常客厅的部分用途，因而其深度一般在2米以上，常以能放一桌酒席为宜。

3-2-26

3-2-27

图3-2-26　具有双重空间属性的丽江民居庭院
图3-2-27　丽江民居宽大的厦子

3-2-28	3-2-29
3-2-30

图3-2-28　民居中心庭院（图片来源：张雁鸽 摄）

图3-2-29　庭院地面铺以吉祥图案

图3-2-30　庭院花木（图片来源：唐新华 提供）

11. 丽江民居庭院的精神意义

庭院中或置盆景，或种果木花卉，具有浓郁的生活气息，体现着纳西人崇敬自然的理念追求。它的地面通常以砖瓦铺砌成"四蝠（福）闹寿"、"鹿鹤同春"等赋有吉祥意义的图案，蕴含着内敛、含蓄的人文精神（图3-2-28～图3-2-30）。

3-2-31 | 3-2-32
3-2-33

图3-2-31　厦子中餐饮

图3-2-32　厦子中待客（图片来源：李君兴 提供）

图3-2-33　厦子中休息、晒太阳

12．丽江民居厦子的精神意义

厦子是一个极富人情味的温馨、惬意的半开敞空间，身受檐廊庇护，天地近在眼前，日常避风雨，冬日烤太阳，可小饮对酌，可赏花聊天，充分反映了纳西人家喜户外活动、享天地气息、与自然和谐共生的精神追求（图3-2-31~图3-2-33），故纳西人有说："纳西喜余漫掌余"（意为"纳西人生在厦子"）。

（三）成熟独到的构筑体系

1. 丽江民居的构筑传统

丽江民居的构筑秉承了我国民居的传统方法，选用地方材料、木构架承重与砖瓦围护结构体系（图3-3-1），由当地工匠运用其成熟的经验技术与"标准"模式建造而成，但其中却有不少独到之处。

图3-3-1 丽江民居的构件体系

2. 材料的本土性与巧妙运用

　　丽江民居通常采用石料基础与勒脚，木构架，土坯围护墙；墙体外表以草泥抹灰刷白，重要部位以青砖贴面防护；木檩、木椽、盖青瓦的屋顶；室内用木地板、木槅扇，讲究的加木质天花板及在土坯围护墙内加装木顺墙板（图3-3-2、图3-3-3）。纵观材料运用的特点：一是皆就地取材；二是用料尽量节省，工匠心中有数；三是材料据其性能各得其位，大材大用，避免浪费，如贴面砖只用在易碰撞的墙体转角或抹灰易落的后墙、山墙上部。

3-3-2
————
3-3-3

图3-3-2　丽江民居主体结构用材
图3-3-3　施工中主构架

3. 构架的标准化与丰富类型

　　木构架是我国各地传统民居中最普遍的房屋骨架。丽江民居的木构架形式随着房间的功能、进深、厦子情况的不同而多种多样，常见的有平房、明楼、两步厦、骑厦楼、蛮楼、闷楼、两面厦七种类型，这已成为当地的"标准化"模式，而且宽度（进深）与高度皆以五寸（市尺）为模数（图3-3-4）。然而，在现实中由于功能、位置、地形的复杂，各种类型又可以混合、变异形成数十种形式，异常丰富，工匠还可以创造发挥。这是丽江民居木构架的独到之处。

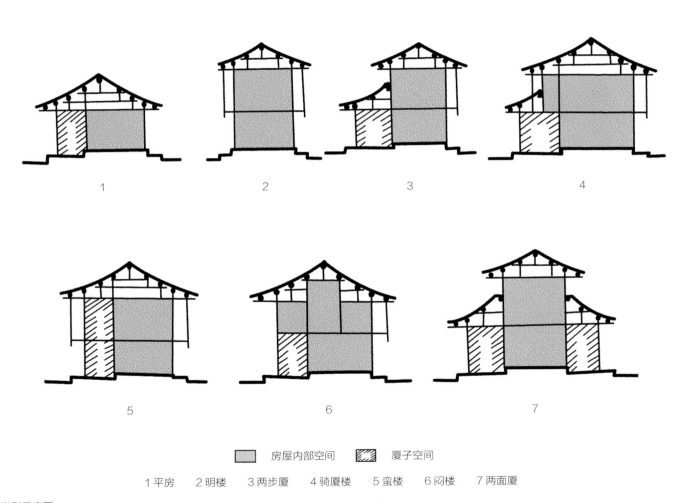

| 房屋内部空间 | 厦子空间 |

1 平房　　2 明楼　　3 两步厦　　4 骑厦楼　　5 蛮楼　　6 闷楼　　7 两面厦

图3-3-4　丽江民居构架类型示意图

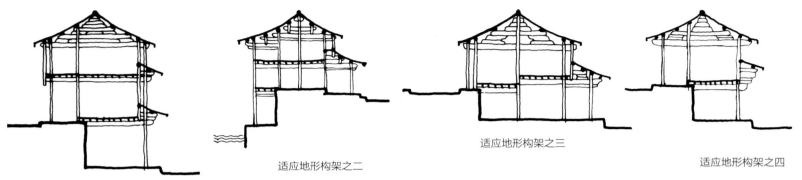

适应地形构架之一

适应地形构架之二

适应地形构架之三

适应地形构架之四

3-3-5　　图3-3-5　适应台地的构架处理

3-3-6　　图3-3-6　忠义村13号周宅不规则地形的构架处理

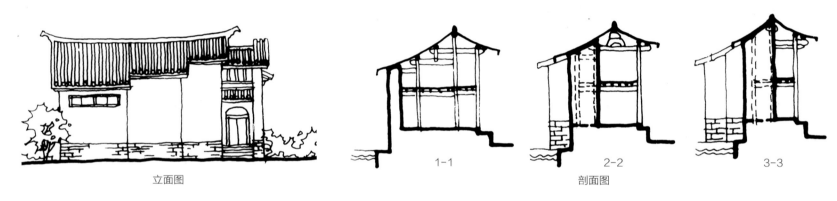

立面图

1-1　　　　　　　2-2　　　　　　3-3

剖面图

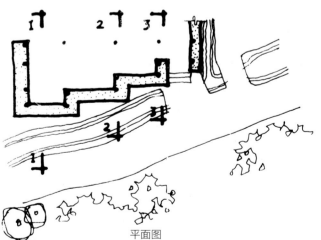

平面图

4. 构架的灵活性

　　丽江民居的最大特点在于适应地形的灵活处理，而实现这种灵活处理的前提是构架的灵活性。它表现在：一是处于台地上的构架，如新华街附近的建筑随台地布局、构架柱有高低变化的处理（图3-3-5）；二是处于不规则地形上的构架，如忠义村13号周宅因地形所限，房屋曲尺形布局、构架有进深变化的处理（图3-3-6）。

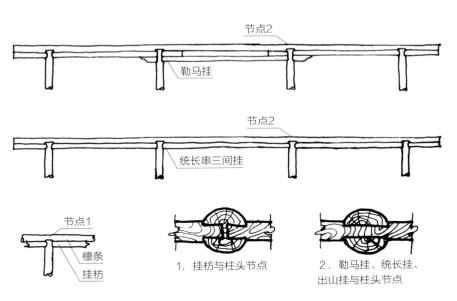

节点2

勒马挂

节点2

统长串三间挂

节点1

檩条

挂枋

1. 挂枋与柱头节点

2. 勒马挂、统长挂、
出山挂与柱头节点

5. 构架的抗震性

丽江是强地震地区，丽江民居构造在实践中形成了不少有利于防震的措施（图3-3-7、图3-3-8）。

一是以在柱头的"勒马挂"及在柱脚的"统长过三间地脚梁"等特殊纵向构件增强房屋的纵向刚度。

二是以较大的地脚梁纵横固定柱脚，或以上部隔板系统等来增强房屋的整体刚度。

三是以木构架向上向内"见尺收分"的做法来增强构架的稳定性。

四是以"千斤"等构件在纵横向梁架与柱的节点处增加支座的承压面积。

五是所有榫卯节点皆要求"严丝合缝"，以保证最佳的受力性能；而榫卯节点皆属柔性节点，利于化解地震所带来的冲击力。

六是围护体下重（土坯）、上轻（木板），有利于防震，且围护体附着于木构架的外围，故而"墙倒屋不塌，倒墙倒外面"。

（四）朴实生动的建筑造型

1．丽江民居的造型美

　　丽江民居的美首先体现在它与山水环境融洽的朴实而生动的造型美。

　　丽江民居就房屋本身来看，屋顶的纵向屋脊两端起翘（名为"起山"），横向两坡屋面中间略有落低（名为"落脉"），纵横向皆形成微微的反拱曲线；墙体渐上向里略为倾斜（名为"见尺收分"）。这些手法使得民居建筑的形体轮廓舒展柔和而优美（图3-4-1～图3-4-3）。

	3-4-1
3-4-2	3-4-3

图3-4-1　丰富的造型
图3-4-2　轮廓舒展、柔和的民居外貌
图3-4-3　屋顶的"起山"与"落脉"

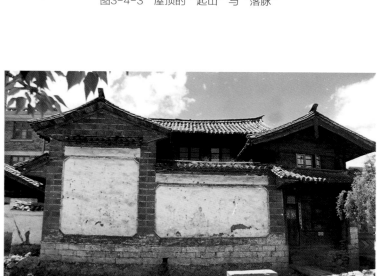

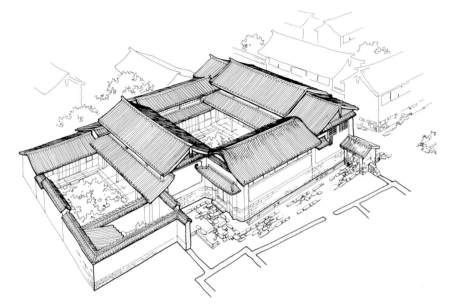

2. 民居院落的组合造型

　　丽江民居不论三坊一照壁、四合五天井等何种形式皆由多坊房屋组成。一般正房较高大；厢房与其垂直，其屋脊、檐口稍低；漏角的偏房更低；入口门楼虽低却重点突出。如此，外观每组民居院落，纵横交替，高低错落，有机别致；加之地形的变化，组合的形体与轮廓更为丰富、生动（图3-4-4、图3-4-5）。

$\dfrac{3\text{-}4\text{-}4}{3\text{-}4\text{-}5}$

图3-4-4　人民街481号余宅鸟瞰图

图3-4-5　台地上的院落组合形体更为丰富、生动

3. 顺坡就势的造型展现

    丽江古城地形起伏，民居很多建在坡地之上，其布局因地制宜、手法灵活，"抬"、"错"、"迭"等手法多样，多为顺坡就势，而不大填大挖。民居群体展现出依山就势、起迭错落、变化丰富的景观。（图3-4-6）

图3-4-6　丽江民居在坡地上的经典处理

4. 顺坡就势的手法（图3-4-7~图3-4-9）

"抬"——对坡地分层筑台，建筑群体"拾级而上"而产生高低错落。

"错"——错层手法，让建筑地坪与地形表面尽量吻合。

图3-4-7　顺坡就势手法——抬

图3-4-8　顺坡就势手法——错

图3-4-9　顺坡就势手法——迭

（图片来源：本节插图由张剑辉 绘制）

"迭"——以建筑开间或整个房屋为单元，顺坡势段段跌落，形成阶梯状。

5. 随水布局的造型景观

　　丽江古城的水系丰富而曲折，民居的布局很多与河渠相依，悬挑、枕流、倚桥等手法多种多样，随水布局，就水发挥，借水利用，而非截流填渠。因此，也形成不少临水民居的独特景观（图3-4-10、图3-4-11）。

图3-4-10　倚桥而居
图3-4-11　悬挑于水

6. 随水布局的手法（图3-4-12～图3-4-14）

悬挑——建筑向外伸出部分
空间或平台，或檐廊，或房屋，
并不占用房屋基地面积。

倚桥——靠近桥头的民居
利用桥身台阶来解决倚桥民居
楼层的垂直交通。

枕流——将建筑
凌空架越水上。

	3-4-12
3-4-13	
	3-4-14

图3-4-12　随水布局手法——悬挑
图3-4-13　随水布局手法——倚桥
图3-4-14　随水布局手法——枕流

（图片来源：本节插图由张剑辉 绘制）

（五）精彩美妙的建筑艺术

1. 丽江民居立面处理的建筑艺术

丽江民居的美不仅体现在造型上，还体现在它精彩的立面处理上（图3-5-1、图3-5-2）。

3-5-1   图3-5-1   丽江某民居立面渲染图

3-5-2   图3-5-2   丽江某民居立面渲染图

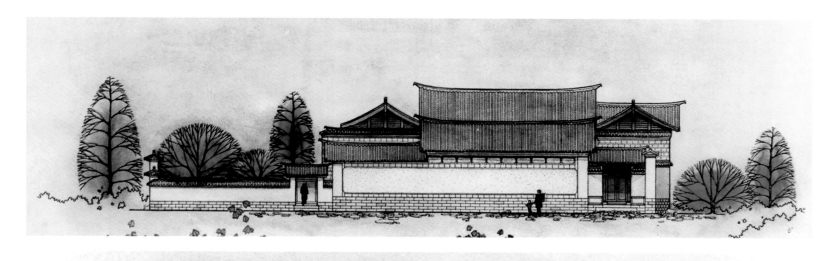

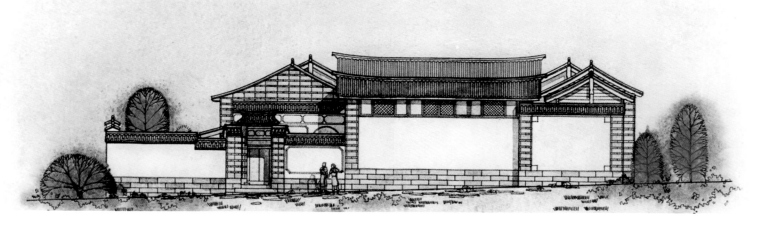

2. 外立面材料的素雅

　　石砌的勒脚，抹灰粉白的墙面，青砖镶贴的墙角（俗称"金镶玉"），墙体上部的木板外墙或青砖墙面，青灰色筒板瓦屋面。材料及其色调体现出整体格调的素雅（图3-5-3～图3-5-5）。

$$\begin{array}{c|c} & 3\text{-}5\text{-}3 \\ \hline 3\text{-}5\text{-}5 & 3\text{-}5\text{-}4 \end{array}$$

图3-5-3　较讲究的外立面用材
图3-5-4　较简朴的外立面用材
图3-5-5　筒瓦屋顶与五花石街面质朴而融洽的第五立面（图片来源：唐新华 提供）

3. 洒脱的山墙

丽江民居的山墙极为亮眼。下段的墙体与上段带窗的板墙及山尖以"麻雀台"分界，比例生动，打破了单调感。山尖部分除少数硬山以砌体封尖、外贴青砖外，多数是悬山做法。悬山因防雨需要而出挑较深，深厚的阴影产生"虚"的轻巧、活泼感；其与下部"见尺收分"的"实"的墙体对比鲜明；更有悬山顶部外露的木构架、檩条、博风板及突出、精美的"悬鱼"构件等相映，造成飘逸、洒脱的生动形象（图3-5-6、图3-5-7）。这是最受建筑界推崇与欣赏的丽江民居建筑艺术的精彩之笔。

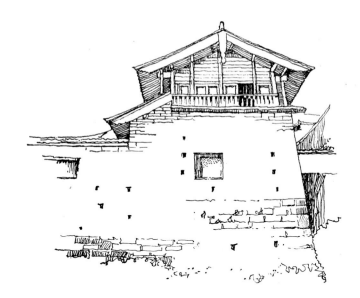

图3-5-6 丽江民居飘逸、洒脱的山墙
（图片来源：引自刘敦桢《中国住宅概论》）

图3-5-7 悬山屋顶的山墙

4. 简朴的后墙

后墙有两种，一是下部石勒脚、土坯墙外抹灰，上部木板围护墙，其中局部开小窗；二是下部石勒脚、土坯墙外抹灰，上部土坯墙外镶嵌六角形青砖。无论哪种，"实多虚少"，其上下分段比例良好。后墙因系"背立面"，不做任何渲染，简洁而朴实（图3-5-8~图3-5-10）。

3-5-8
3-5-9
3-5-10

图3-5-8　上部木板围护墙带窗的丽江民居后墙
图3-5-9　上部土坯墙外镶嵌六角形青砖的丽江民居后墙
图3-5-10　后墙上部六角形砖贴面

5. 醒目的门楼

　　门楼是丽江民居外檐装饰的重点，与山墙悬山立面相映生辉。门楼有两种，一是在漏角院外独立设置的有厦式门楼，双坡屋顶，檐角起翘，檐下花板、花罩、吊柱等装饰较华丽，颇具气势；二是常见的无厦式门楼，多附于山墙一端或厢房一侧，忌设正中；无厦的"三滴水"式的附墙门楼，其屋檐下以砖拱或木过梁平拱承托，门洞边框的墙柱多以青砖镶面，檐下、拱券、墙柱顶多以砖饰线脚等装饰。一般人家对"门面"都是比较讲究的（图3-5-11～图3-5-13）。

3-5-11 | 3-5-12 | 3-5-13

图3-5-11　无厦式砖拱门楼
图3-5-12　无厦式平拱门楼
图3-5-13　有厦式门楼

6. 丽江民居内檐装饰的建筑艺术

丽江民居的美体还体现在它精美的内檐装饰上（图3-5-14、图3-5-15）。

图3-5-14　丽江民居的内檐装饰
图3-5-15　丽江民居的内庭透视

7. 迎面的照壁

　　丽江民居主天井的庭院是家庭生活的中心，因而其周边的界面必然是内檐装饰的重点。

　　民居中正房或过厅所对的照壁除功能上分隔外界、挡风外，也是视觉最集中的地点。石砌勒脚，粉白的墙面，"一滴水"或"三滴水"形式的砖瓦檐顶，三段匀称的比例以及紧靠照壁的花台，给人以宁静、舒适的感觉；檐部以砖砌线脚及檐下墙头素画装饰，自然大方，点缀得当，和谐统一（图3-5-16～图3-5-18）。

	3-5-16
3-5-18	3-5-17

图3-5-16　"一滴水"式天井照壁
图3-5-17　"三滴水"式天井照壁
图3-5-18　照壁檐部线脚及花饰

8. 富含寓意的铺地

　　主天井是丽江民居平面构图的中心，其铺地常用块石、瓦渣、卵石等材料按民间风俗铺砌成具有象征意义的图案，如"四蝠捧寿"、"麒麟望月"、"八仙过海"等，有着强烈的向心性及醒目的装饰效果，这也是丽江民居中有别于外地民居的一大特色。厦子也有同样材料的铺地，但不强调图案的寓意及向心性，而讲究几何图形的韵律感（图3-5-19～图3-5-21）。

	3-5-21
3-5-19	3-5-20

图3-5-19　天井铺地："四蝠闹寿"
图3-5-20　天井铺地："八仙过海"
图3-5-21　厦子铺地

9. 精雕细刻的门窗槅扇

面对天井各枋房屋的明间，多有六扇雕饰精美、多层漏雕的木槅扇门，它是丽江民居中细木作的精华所在。槅扇门上的雕饰多以"卍"字穿花作底层，面层雕以栩栩如生的象征吉祥的鸟禽动物、四季花卉、琴棋书画、博古器皿或"治家格言"等，其构图组合别致，雕刻技艺高超，极具观赏性，也是户主炫耀的"家宝"之一（图3-5-22、图3-5-23）。

每坊房屋的两个次间，各有一扇采光窗，也常以或方或圆的花窗槅扇装饰，雕以梅花、菊花、象眼、古钱等图案，类型丰富，做工精细（图3-5-24）。

	3-5-23
3-5-22	3-5-24

图3-5-22 木门槅扇
图3-5-23 门槅扇雕饰
图3-5-24 花窗槅扇

10. 华美的梁枋木装修与石作柱础

厦子是家人及外客活动最频繁的空间，因而对在此所见的大量木构件外露部分常作装饰处理，如梁头、穿枋、花罩等或精雕细刻，或施以油漆彩绘。此外，对栏杆、"美人靠"等的装饰上也颇下功夫（图3-5-25～图3-5-27）。

前檐柱下的柱础皆以石作，兼具承重、防潮功能及装饰作用。通常有扁圆鼓型及高瓶型两类，后者多用于前廊一层无屋檐、雨水飘洒及反溅较高的檐柱下，可见形式与功能统一。柱础石作常有各种造型并雕以各种花纹，雕工精美（图3-5-28、图3-5-29）。

		3-5-27
		3-5-28
3-5-25	3-5-26	3-5-29

图3-5-25　梁枋装饰"狮子头"
图3-5-26　穿枋装修
图3-5-27　楼层带"美人靠"栏杆
图3-5-28　圆鼓形柱础
图3-5-29　高瓶形柱础

丽江传统民居是丽江古城世界文化遗产重要的组成要素之一，它不仅体现了纳西人追求自然和谐的理念，创造了宜居的空间，具有成熟而独到的构筑技巧，而且在建筑艺术上也达到了很高的美学成就。所有这些都是纳西人的创造，都是那些不是建筑师的"建筑师"们（工匠）的智慧所造就的，具有很高的历史价值、科学价值、艺术价值和文化价值。

丽江古城中的民居布局（1982年摄）

第四章

丽江人文
精神探析

（一）人与自然的协调

1．对天的崇敬

图4-1-1　主持祭祀仪式的老东巴

图4-1-2　象征自然崇拜的东巴自然神雕塑

图4-1-3　东巴传统"祭署"仪式

图4-1-4　祭祀供品

2. 对山林的敬仰

图4-1-5　神圣的雪山
图4-1-6　玉峰山上的丛林
图4-1-7　纳西人终生守护
的玉峰寺万朵山茶

3. 对水的尊重

图4-1-8 玉河源头的丽江黑龙潭

图4-1-9 玉水寨中的雪山水——丽江源

4-1-8
——————
4-1-9 | 4-1-10

图4-1-10 取水、洗菜、洗衣自觉遵守分井眼原则（图片来源：唐新华 提供）

4. 对土地的珍惜

4-1-11 | 4-1-12
4-1-13

图4-1-11　利用山地坡地建房
图4-1-12　密集型布局
图4-1-13　紧凑的空间

（二）人与社会的和谐

1. 人与人的友善

图4-2-1　历史上木增土司对徐霞客的尊敬
（图片来源：选自http://blog.sina.com.cn）

图4-2-2　纳西居民和谐的邻里关系（图片来源：唐新华 提供）

图4-2-3　热情的纳西人与外来游客

	4-2-1	4-2-2
	4-2-3	

2. 慢·悠·平·静的生活

3. 大自然中的歌舞

图4-2-7　庭院中的纳西古乐活动（拍摄于1981年）

图4-2-8　傍晚的纳西歌舞活动

图4-2-9　即兴的"阿哩哩"舞步

4. 修身养性的环境

（三）人与空间的亲和

1. 自然性——不求工整，但求适地

4-3-1 ┃ 4-3-3
4-3-2

图4-3-1　随水而居
图4-3-2　花木相随（图片来源：唐新华 提供）
图4-3-3　随坡而起

2. 尺度感——不求高大，但求得体

4-3-4 | 4-3-5
4-3-6

图4-3-4 街道不求宽（图
片来源：张雁鸽 摄）
图4-3-5 小巷不嫌窄
图4-3-6 节点宜留人

3. 人情味——不求气势，但求亲和

4-3-7

4-3-8 | 4-3-9

图4-3-7　环境好交友（图片来源：唐新华　提供）

图4-3-8　场所好待客

图4-3-9　生活好自在（图片来源：唐新华　提供）

4. 平民化——不求豪华，但求质朴

4-3-10 | 4-3-11
        | 4-3-12

图4-3-10　门面不求显赫
图4-3-11　外表不求富丽
图4-3-12　材料不求奢华

图4-3-13　丽江城夜景（图片来源：张雁鸽 摄）

城市形态的美、建筑的美固然重要，它主要由物质构成；而城市人文的美则是最可贵、最难得的，它是由历史的积累、文化的沉淀、精神的铸造长期凝练而得。丽江人文精神是古城文化的精髓。正是其人文精神与古城内涵及民居智慧相得益彰、相映生辉，丽江被称为"灵魂栖息地"、"精神后花园"，受到人们普遍的喜爱。这大概就是丽江古城的真正密码。

今日历史
使命担当

1. 保护

保护传统文化及古城遗产。

$\dfrac{1}{2}$

图1 非物质文化遗产东巴
经书

图2 世界文化遗产丽江古城
（图片来源：张雁鸽 摄）

2．传承

传承历史价值、科学价值、艺术价值、文化价值、社会价值。

3 | 4

图3　现代本土建筑创作的探索
图4　历史悠久的丽江古城鸟瞰（1982年）

3. 发展

发展社会经济，让丽江繁荣昌盛，生活富裕幸福，精神高尚文明。

$$\frac{5}{6}$$

图5 富裕幸福的生活
图6 繁荣昌盛的丽江（图片来源：张雁鸽 摄）

参考文献

—
REFERENCE

［1］朱良文. 丽江古城与纳西族民居. 昆明：云南科技出版社，2005.

［2］蒋高宸. 丽江——美丽的纳西家园. 北京：中国建筑工业出版社，1997.

［3］木丽春. 丽江古城史话. 北京：民族出版社，1997.

［4］管学宣，万成燕. 丽江府志略. 雪山堂藏版：清乾隆八年（1743）.

［5］李汝明. 丽江纳西族自治县志. 昆明：云南人民出版社，2001.

［6］和慧军. 丽江地区志. 昆明：云南民族出版社，2000.

［7］大山. 丽江慢生活. 昆明：云南人民出版社，2011.

［8］朱良文，肖晶. 丽江古城传统民居保护维修手册. 昆明：云南科技出版社，2006.

［9］朱良文，王贺. 丽江古城环境风貌保护整治手册. 昆明：云南科技出版社，2009.

［10］王鲁民，吕诗佳. 建构丽江. 北京：生活·读书·新知三联书店，2013.

后记 — POSTSCRIPT

本书的原稿系根据市领导要求为解析世界文化遗产丽江古城精华与内涵的VR科教片《丽江古城密码》所写的脚本。后因科教片时间与容量的限制，只选了其部分内容的要点。为此，决定配以图片另行出书，以期较完整地从古城、民居、人文三个方面来解析丽江古城的"密码"；并在其前增加了古城历史演变的篇幅，以便保持其原研究成果的全貌。

全书由朱良文主笔，王颖全程配合，在提纲、结构上反复进行调整，增加了少量内容。"古城营造内涵发掘"、"传统民居智慧解析"两部分是在原朱良文《丽江古城与纳西族民居》一书的基础上重新撰写，王颖、程海帆二人带领一批研究生再行调查，补充了一些新的资料。"丽江人文精神解析"、"丽江古城历史演变"两部分由整个团队共同查阅资料、讨论、研究，最后由朱良文执笔完成。何飞平、黄颖、马娜、赵云娇、牛航、曹伟强六位研究生参加了收集资料、调查研究工作；其中何飞平参与了全程的编排、打印、调整，做了大量工作。

本书的图片未署名者，一部分选自朱良文《丽江古城与纳西族民居》的原图与照片，一部分系本团队拍摄。在此，特别感谢唐新华提供了不少珍贵的老照片，也大量选用了张雁鸽专门拍摄的照片，少量引用了其他著作中的图片；此外，丽江古城保护管理局、《丽江读本》协助提供了一些图片，同时得到李锡、杨树高、李君兴、任洁、孙晓云、和新民、和茂华、马登科、唐芳、万红丽、洪雪莲、和璀钰等提供的照片，一并致谢。

本书的缘由系受命于丽江市领导，他们自始至终给予关怀与支持。丽江古城保护管理局领导具体给予指导、协助，和丽军亲自主审，关建平、刘仕成等在工作中给予了具体的帮助，特此深表感谢。

编著者

2020年1月18日